BEI GRIN MACHT SICH IHR WISSEN BEZAHLT

- Wir veröffentlichen Ihre Hausarbeit,
  Bachelor- und Masterarbeit

- Ihr eigenes eBook und Buch -
  weltweit in allen wichtigen Shops

- Verdienen Sie an jedem Verkauf

Jetzt bei www.GRIN.com hochladen und kostenlos publizieren

Würfelnetze im Unterricht

André Scheible

Bibliografische Information der Deutschen Nationalbibliothek:

Die Deutsche Nationalbibliothek verzeichnet diese Publikation in der Deutschen Nationalbibliografie; detaillierte bibliografische Daten sind im Internet über http://dnb.d-nb.de abrufbar.

ISBN: 9783638695046
Dieses Buch ist auch als E-Book erhältlich.

Druck und Bindung: Books on Demand GmbH, Norderstedt Germany
Gedruckt auf säurefreiem Papier aus verantwortungsvollen Quellen

Das vorliegende Werk wurde sorgfältig erarbeitet. Dennoch übernehmen Autoren und Verlag für die Richtigkeit von Angaben, Hinweisen, Links und Ratschlägen sowie eventuelle Druckfehler keine Haftung.

Das Buch bei GRIN: https://www.grin.com/document/74346

Staatliches Seminar für Didaktik und Lehrerbildung XXX

Unterrichtsentwurf

zur zweiten Staatsprüfung für das Lehramt an Grund- und Hauptschulen

im Fach Mathematik

Würfelnetze

Mitglieder der Prüfungskommission

Klasse: 5

Datum: 10.05.2007

Uhrzeit: 8.20 Uhr - 9.05 Uhr

Fächer: Mathematik und MNK

Schwerpunkt : Grundschule

Inhaltsverzeichnis

1. Bedingungsanalyse... 1

1.1. Rahmenbedingungen.. 1

1.2. Zusammensetzung der Klasse.. 2

1.3. Lernvoraussetzungen 3

2. Sachanalyse.. 4

3. Didaktische Analyse... 6

3.1. Vorerfahrungen der Klasse 6

3.2. Gegenwarts- und Zukunftsbedeutung....................................... 6

3.3. Bezug zum Bildungsplan 7

3.4. Kompetenzen und Inhalte 8

3.5. Stellung der Einzelstunde innerhalb der Unterrichtssequenz.................. 8

3.6. Didaktische Reduktion 9

4. Ziele 10

5. Methodische Analyse... 11

6. Verlaufsplanung 13

7. Quellen- und Literaturangaben 17

8. Anhang 17

1. Bedingungsanalyse

1.1. Rahmenbedingungen

Die XXX wird von Schülerinnen und Schülern der Gemeinden XXX und XXX besucht. Die Schule umfasst insgesamt vier Schulgebäude, die auf einem gemeinsamen Schulgelände in XXX stehen. Ein weiteres Schulgebäude in XXX dient als Außenstelle für die beiden ersten Klassen. Die Schule ist eine Grund- Haupt- und Werkrealschule ohne Klasse 10, an der 24 Lehrerinnen und Lehrer, davon drei Referendare insgesamt 226 Schülerinnen und Schüler unterrichten. Die Grundschule mit 148 Schülerinnen und Schülern wird zweizügig, die Hauptschule mit 78 Schülerinnen und Schülern einzügig geführt.

Das Klassenzimmer der Klasse 5 befindet sich im Erdgeschoss des Altbaus. Auf der rechten Seite befindet sich eine lange Fensterfront, die dazu führt, dass viele der Schülerinnen und Schüler durch die Sonneneinstrahl geblendet werden und somit die Jalousien frühzeitig herunter gefahren werden müssen. In der rechten hinteren Ecke ist eine Sitzecke mit Couch und Tisch eingerichtet, dadurch ist es möglich, schnell einen Sitzkreis zu bilden. Im Klassenzimmer steht im hinteren Teil eine große Pinnwand zur Verfügung, an der Schülerarbeiten und verschiedene Beiträge zum Unterricht befestigt werden können.

Die Schülerinnen und Schüler sitzen an drei Gruppentischen zusammen, damit die Klassengemeinschaft durch die Entwicklung gemeinsamer Lösungsstrategien und durch den Austausch untereinander gefördert werden kann.

Die Materialien, die aufgrund des handlungsorientierten Unterrichts verwendet werden, können leider nur zeitweise im Klassenzimmer verweilen, da sie ebenfalls von den anderen Klassen in Anspruch genommen werden.

1.2. Zusammensetzung der Klasse

Die Klasse 5 der Hauptschule XXX wird von 15 Schülerinnen und Schülern besucht, davon sind es 9 Jungen und 6 Mädchen. Sie kommen aus den Gemeinden XXX und XXX.

Bis auf fünf Schülerinnen und Schüler besitzen alle die deutsche Staatsbürgerschaft. Alle Schülerinnen und Schüler beherrschen die deutsche Sprache, dennoch haben viele von ihnen bei Sachaufgaben Verständnisprobleme. Die Klasse setzt sich aus vielen sehr individuellen Schülerinnen und Schülern zusammen, die mit unterschiedlichen Vorrausetzungen in die Schule kommen:

So kommt es aufgrund der unterschiedlichen Glaubensrichtungen zwischen Ibrahim (Moslem) und XXX / XXX (Kurden) immer wieder zu Meinungsverschiedenheiten.

Das Arbeitsklima ist jedoch meist positiv, auch wenn es manchmal bei Gruppenarbeit, Diskussionen oder freien Phasen etwas lauter zugeht.

XXX ist ein Schüler, der sich aufgrund seines ADHS in psychologischer Betreuung befindet und im Unterricht schon des öfteren zu einer Leistungsbereitschaft animiert werden muss.

XXX und XXX sind Zwillingsschwestern, die sich allerdings nicht sehr gut verstehen. Dies kommt auch im Unterricht immer wieder in Form von Meinungsverschiedenheiten zum Ausdruck. Durch regelmäßige Gespräche versuche ich zwischen beiden zu vermitteln.

XXX ist die älteste Tochter in ihrer vierköpfigen muslimischen Familie. Sie selbst muss dort für ihre Geschwister eine Mutterfunktion ausführen, da ihre Mutter oftmals krank ist. Deswegen ist sie im Unterricht oftmals noch sehr müde und fällt eher durch ihre zurückhaltende Art oder durch Gespräche mit ihren Mitschülerinnen auf.

XXX ist zu Beginn des zweiten Schulhalbjahres neu in die Klasse gekommen. Sie wurde von ihren Mitschülerinnen und Mitschülern freundlich aufgenommen. Auch bei ihr herrschen im familiären Umfeld schwierige Umstände. So ist ihr Vater Alkoholiker und ihr Bruder sitzt im Gefängnis. Deshalb ist sie, wie viele andere aus der Klasse, auf die angebotene Hausaufgabenbetreuung und die Unterstützung der Lehrkraft angewiesen.

1.3. Lernvoraussetzungen

Die Schülerinnen und Schüler zeigen sich generell sehr interessiert am Unterrichtsgeschehen. Besonders durch einen handlungsorientierten Unterricht sind sie immer wieder für ein neues Thema zu begeistern und arbeiten motiviert mit. Sie haben somit keine Probleme, das jeweilige Unterrichtsthema mit ihrem Alltag oder ihrer Umwelt zu verbinden und bringen sich daher auch immer wieder durch sehr gute Beispiele in den Unterricht mit ein.

Innerhalb der Klasse sind bei den Schülerinnen und Schülern unterschiedliche Leistungsniveaus zu beobachten. Das macht sich unter anderem bei der Besprechung von Arbeitsaufträgen bemerkbar. Einige verstehen diese sofort, können sie problemlos wiederholen und ihren Mitschülern erklären, andere verstehen sie erst dann, wenn die Lehrkraft sie ihnen im Einzelgespräch erneut erklärt. Auch im Hinblick auf das selbstständige Arbeiten machen sich diese unterschiedlichen Leistungsniveaus bemerkbar. Ein Teil der Schülerinnen und Schüler hat überhaupt keine Probleme damit, ein zweiter Teil lässt sich gerne von seinen Mitschülerinnen und Mitschülern helfen und ein dritter Teil benötigt immer wieder die Anleitung und damit die individuelle Zuwendung der Lehrkraft.

Das Sozialverhalten ist geprägt von Kooperation. Die Schülerinnen und Schüler helfen sich in der Gruppe gegenseitig. Damit verbunden herrscht in der Klasse eine angenehme Lernatmosphäre, die ebenfalls durch den von mir eingerichteten Schulsanitätsdienst möglich wurde, da acht Schülerinnen und Schüler der Klasse an diesem teilnehmen und somit eine Basis für das soziale Lernen geschaffen wurde.

Die Gruppentische ermöglichen ein regen Austausch zwischen den Schülerinnen und Schülern, so dass Problemstellungen gemeinsam bearbeitet und diskutiert werden können.

2. Sachanalyse

Der Würfel, auch Hexaeder genannt, ist ein geometrischer Körper mit:

- sechs gleich großen quadratischen Flächen
- acht Ecken, die in jeder der acht Ecken rechtwinklig aufeinander stoßen
- 12 gleich langen Kanten

Zu einer Kante gehören je zwei Ecken, ebenfalls bilden je zwei Flächen eine Kante. An einem Eck treffen 3 Flächen und 3 Kanten aufeinander. Eine Fläche setzt sich aus 4 Ecken und 4 Kanten zusammen.

Es gibt drei verschiedene Modelle des Würfels, die für den Unterricht zur Verfügung stehen:

das Vollmodell,

das Kantenmodell und

das Flächenmodell.

Jedes einzelne Modell hat im Unterricht seinen eigenen Stellenwert und seine Funktion, die von den anderen Modellen nicht erfüllt werden können.

Wird ein Flächenmodell eines Würfels an seinen Kanten derart aufgeschnitten, dass sich die Quadrate in der Ebene auseinander klappen lassen, so erhält man eine Abwicklung des Würfels. Dabei muss jedes einzelne Quadrat noch mit mindestens einem Nachbarquadrat verbunden bleiben. Eine solche Abwicklung nennt man Würfelnetz. Dieses Netz zeigt die gesamte Oberfläche des Körpers als eine zusammenhängende ebene Fläche.

Das Netz besteht also aus einem Stück mit einer bestimmten Anordnung von sechs zusammenhängenden Quadraten und ist nicht in mehrere Teile aufgeteilt. Es ist also ein Quadratsechsling. Insgesamt gibt es 35 solcher Sechslinge. Doch nicht jeder Sechsling ist ein Würfelnetz. Insgesamt gibt es 11 verschiedene Würfelnetze, die sich nicht durch Spiegelung und/oder Drehung aufeinander abbilden lassen.

Davon sind es **sechs Netze**, bei denen **vier Quadrate** in einer Reihe liegen und die übrigen zwei Quadrate auf verschiedenen Seiten dieser Reihe angeordnet sind. [1]

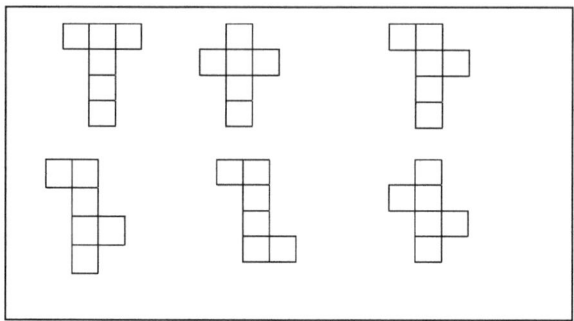

Bei **vier Netzen** kommen **drei Quadrate** in einer Reihe vor.

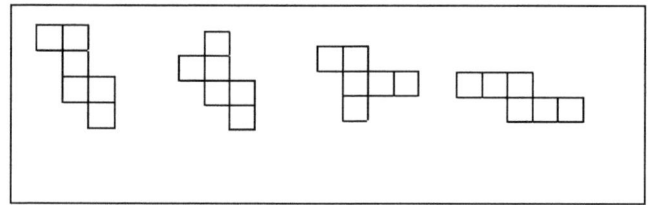

Ein Netz hat nur **zwei Quadrate** in einer Reihe.

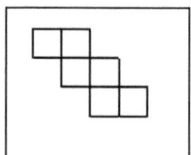

---

[1] vgl. Lauter J. (2001), S. 202 f.

3. Didaktische Analyse

3.1. Vorerfahrungen der Klasse

Mit den konkreten Handlungen wie Legen und Falten knüpft diese Stunde an die Arbeitsweise der Grundschule an. Sie fördern geometrisches Vorstellungsvermögen und eröffnen einen natürlichen Zugang zu grundlegenden Begriffen der Geometrie. Vorerfahrungen zu diesem Thema haben die Schülerinnen und Schüler schon in der 3. Klasse gemacht, wo der Bildungsplan das Herstellen von Modellen von Würfel und Quader aus Netzen vorsah. Durch Zerschneiden oder Abrollen von würfel- und quaderförmigen Schachteln wurde eine leichte Zugangsmöglichkeit zu den Netzen geschaffen. Um also bei den Schülerinnen und Schülern ein geometrisches Vorstellungsvermögen anzubahnen und zu entwickeln, ist es unumgänglich, sie im Umgang mit geeigneten Materialien selbst Erfahrungen sammeln zu lassen. Dieses praktische Tun soll und wird die Schülerinnen und Schüler sicherlich in erhöhtem Maße motivieren und kann auch etwas leistungsschwächeren Schülerinnen und Schülern eventuell verlorene Freude am Mathematikunterricht zurückgeben. Dies nicht zuletzt deswegen, weil sich durch das partnerschaftliche Lösen der meisten Aufgaben Misserfolge vermeiden lassen.

3.2. Gegenwarts- und Zukunftsbedeutung

Die Lebenswelt der Schülerinnen und Schüler wird in großem Maße durch geometrische Formen, Figuren und Körper bestimmt, in der sie sich unbewusst mit ihren Eigenschaften auseinander setzen. Die Entwicklung der Raumvorstellung im Geometrieunterricht soll ihnen helfen, sich in dieser zurechtzufinden.[2]
Die Auseinandersetzung mit Körpernetzen kann diese Entwicklung unterstützen. Bei der Darstellung eines Netzes wird die Dreidimensionalität eines Gegenstandes in die Zweidimensionalität übertragen. Daher müssten die Schülerinnen und Schüler in der Lage sein sich auf der Oberfläche des Körpers zu orientieren, ihre bisherigen Kenntnisse über die Vierecke und Flächen, auf die genaue Betrachtung der beteiligten Einzelflächen und ihrer Lage zueinander anzuwenden.

---

[2] vgl. Bildungsplan (2004), S.76

6

Körpernetze begegnen den Schülerinnen und Schülern in ihrer Umwelt in abgewandelter, unvollständiger Form, beispielsweise als Verpackungen, Buchumschläge oder Faltkartons. Um selber einen Karton herzustellen, muss eine Vorstellung über dessen Aufbau und Eigenschaften vorhanden sein. Die Schülerinnen und Schüler müssen zudem in der Lage sein, ihre Vorstellungen in die Fläche zu projizieren. Hier wird besonders die Wahrnehmung der Lagebeziehungen gefordert und gefördert. Ebenso ist die Kenntnis von einfachen Körpernetzen von Vorteil, wenn Geschenke verpackt oder Bücher eingeschlagen werden. Dabei muss aus der Fläche (Papier) annäherungsweise die Oberfläche des Körpers (Geschenk bzw. Buch) ermittelt werden.

Daraus ergibt sich auch die fachbezogene Zukunftsbedeutung, die beispielsweise in der Oberflächen- und Volumenberechnung liegt. In vielen Bereichen der Geometrie spielt die räumliche Vorstellung eine entscheidende Rolle, die die Schülerinnen und Schüler in den kommenden Jahren benötigen: Verwechslungen zwischen den Begriffen Volumen und Oberfläche, analog zu Flächeninhalt und Umfang werden weniger. Infolgedessen ist eine zunehmende Sicherheit am Körper notwendig, bevor man zur Abstraktion übergeht. Durch die Überführung vom Netz zum Würfel wird die Raumvorstellung der Schülerinnen und Schüler weiter gefördert. Mittels mehrerer Übungen, die sie handelnd ausführen, können diese Abwicklungen zunehmend verinnerlicht werden. Letztendlich sollen die Schülerinnen und Schüler diese Überführung rein gedanklich ausführen können.

3.3. Bezug zum Bildungsplan

Der Mathematikunterricht der Hauptschule baut auf die in der Grundschule erworbenen Kompetenzen auf und erweitert diese. Deshalb sollten Situationen angeboten werden, in denen die Schülerinnen und Schüler grundlegende Erfahrungen machen können. Um also bei Schülerinnen und Schülern ein geometrisches Vorstellungsvermögen anzubahnen und zu entwickeln, ist es unumgänglich, sie im Umgang mit geeigneten Materialien selbst Erfahrungen sammeln zu lassen. Dieses praktische Tun soll und wird sie sicherlich in erhöhtem Maße motivieren und kann auch etwas leistungsschwächeren Schülerinnen und Schüler eventuell verlorene Freude am Mathematikunterricht zurückgeben.

Dies nicht zuletzt deswegen, da sich Misserfolgerlebnisse vermeiden lassen, indem die Schülerinnen und Schüler in der Unterrichtsstunde mathematische offene Problemstellungen kooperativ bearbeiten, miteinander kommunizieren und gemeinsam nach Lösungen suchen.

Durch die Vernetzung von Kenntnissen erhöht sich die Möglichkeit für das Verstehen und fördert das kritische Denken. Die Schülerinnen und Schüler lernen somit zunehmend Verantwortung für ihr eigenes Lernen zu übernehmen. Dadurch, dass sie über unterschiedliche Lernvoraussetzungen verfügen, hat jeder von ihnen die Möglichkeit durch differenzierte Aufgabenstellungen und Materialien auf verschiedene Weise Erfolge zu gewinnen und dadurch Sicherheit und Selbstbewusstsein zu erlangen.[3]

3.4. Kompetenzen und Inhalte

Das Thema der Unterrichtsstunde lässt sich der Leitidee 3 „Raum und Form", die am Ende von Klasse 6 erreicht werden soll, zuordnen.

Insbesondere werden in dieser Unterrichtsstunde folgende Kompetenzen gefördert: „Die Schülerinnen und Schüler können:

- Netze und Modelle von Würfeln anfertigen und die Körper in entsprechenden Darstellungen erkennen.[4]

3.5. Stellung der Einzelstunde innerhalb der Unterrichtssequenz

Das Stundenthema „Würfelnetze" ist Teil der Unterrichtseinheit Raum und Form (Körper) und dient als Einführungsstunde in die Unterrichtseinheit „Netze und Modelle von Würfeln anfertigen und die Körper in entsprechenden Darstellungen erkennen"[5]. Es soll versucht werden, die Schülerinnen und Schüler zu einer verstärkt gedanklichen bzw. vorstellenden Beschäftigung mit dem Würfel anzuregen.

---

[3] vgl. Bildungsplan (2004), S. 74 f.

[4] vgl. ebd., S. 76

[5] vgl. ebd., S. 76

Das analytische Arbeiten mit Würfelnetzen bietet die Möglichkeit, über konkrete Handlungen Einsichten in den Aufbau eines Würfelkörpers zu vertiefen, sowie geometrisches Denken zu entwickeln. Diese Fähigkeit ist von zentraler Bedeutung für das räumliche Vorstellungsvermögen.[6]

Nach Bekanntgabe des Prüfungstermins habe ich mich nach Absprache mit Frau Rektorin XXX entschieden, das Thema „Würfelnetze" als Stundenthema für die Lehrprobe zu wählen. Der Wochenplan wurde hinsichtlich meiner Krankheit oder außerplanmäßigen schulischen Terminen nicht beeinträchtigt, so dass ich planmäßig alle Unterrichtstunden halten konnte. Aufgrund des handlungsorientierten Unterrichts hatten die Schülerinnen und Schüler weniger Probleme mit dem Flächeninhalt als erwartet, so dass die Klassenarbeit vorgezogen und mit dem neuen Themengebiet (Körper) bereits begonnen werden konnte.

3.6   Didaktische Reduktion

Radatz und andere Mathematikdidaktiker schlagen folgende Lernzugänge zu diesem Thema vor:

1. Die Schülerinnen und Schüler finden die verschiedenen Würfelnetze selbst, wobei sie Skizzen anfertigen, ausschneiden und zusammenfalten können.

2. Den Schülerinnen und Schüler werden verschiedene Quadratsechslinge vorgelegt mit der Aufgabe, die richtigen Würfelnetze herauszufinden.

3. Die Schülerinnen und Schüler erhalten Würfelmodelle und finden vier Würfelnetze durch Abrollen des Würfels.

Ich habe mich in dieser Unterrichtsstunde für den zweiten Weg entschieden. Da das Stundenziel das Finden aller 11 Würfelnetze ist, sollten den Schülerinnen und Schülern alle 35 Sechslinge zur Verfügung stehen, um zu überprüfen, aus welchen Quadratsechslingen ein Würfel geformt werden kann. Da es aber zu zeitraubend ist, alle 35 Möglichkeiten von den Schülerinnen und Schülern finden zu lassen, suchen sie nur nach einigen Sechslingen. Dabei müssen sie aber das Gefühl haben, dass sie noch weitere gefunden hätten.

---

[6] vgl. Maier P. (1999), S. 35

So bietet der zweite Weg durch das zur Verfügungsstellen aller Quadratsechslinge, die wiederum auf die einzelnen Teams zur Bearbeitung aufgeteilt werden, eine optimale Zugangsmöglichkeit. Schließlich ist dieser Weg auch für leistungsschwächere Schülerinnen und Schüler motivierend, da sie durch praktisches Handeln zu einer richtigen Lösung kommen.

Beim ersten Weg, der sicherlich einen konstruktiven Charakter hat, wird das Stundenziel, alle 11 Würfelnetze zu entdecken wohl nicht erreicht, weil es den Schülerinnen und Schülern kaum gelingt, alle 11 verschiedenen „Skizzen" für ein Würfelnetz zu entwickeln. Zum anderen reicht die zur Verfügung stehende Zeit für die Bearbeitung nicht aus.

Beim dritten Weg können nur vier der elf Würfelnetze gefunden werden, wodurch erneut das Ziel der Stunde nicht erreicht ist. Ich halte es jedoch generell für sinnvoll, sich nicht nur auf einen Weg festzulegen. Wenn auch in dieser Stunde der Weg vom Netz zum Würfel beschritten wird, kann man das Abrollen oder Aufschneiden eines Würfels, also den Weg vom Würfel zum Netz als Differenzierung einsetzen. Dies könnte man zum Beispiel bei den anderen Körpern, die noch behandelt werden sollen, vornehmen. Für das Begriffsverständnis der Schülerinnen und Schüler ist es wichtig, dass Handlungen in beide Richtungen ausgeführt werden.

4. Ziele

- Die Schülerinnen und Schüler sollen Würfelnetze als bestimmte Anordnungen von sechs zusammenhängenden Quadraten kennen lernen.

- Die Schülerinnen und Schüler sollen durch eigenes Handeln alle 11 Würfelnetze ermitteln und unter den 35 Sechslingen wieder erkennen.

5. Methodische Analyse

Nach der Begrüßung bitte ich die Schülerinnen und Schüler in den Stehkreis vor die Tafel zu kommen, um an einer würfelförmigen Verpackung eine formenkundige Betrachtung durchzuführen. Ich habe die Sozialform des Stehhalbkreises gewählt, weil somit alle Schülerinnen und Schüler eine gute Sicht auf die Tafel haben und sich dabei den Würfel nacheinander reichen können. Infolgedessen werden auch die passiven Schülerinnen und Schüler mit in den Unterrichtseinstieg integriert und motiviert, sich auf das Unterrichtsthema einzulassen.

Durch die Problemstellung zu Beginn der Unterrichtsstunde werden die Schülerinnen und Schüler dazu angeregt, Vermutungen über die Oberfläche des Würfels aufzustellen, wenn dieser aus einem Stück Pappe gefertigt werden soll. Durch einen magnetischen Würfel können die Vermutungen der Schülerinnen und Schüler überprüft und verdeutlich werden.

Durch das Schätzen der möglichen Anzahl an „Sechslingen" werden alle Schülerinnen und Schüler motiviert, um weitere Möglichkeiten an „Sechslingen" zu finden, indem sie erste Erfahrungen mit den Quadratplättchen sammeln und dabei verschiedene Sechslinge erstellen und im Arbeitsheft festhalten. Durch den Austausch mit dem Lernpartner können offene Problemstellungen kooperativ bearbeitet, miteinander kommuniziert und gemeinsam nach Lösungen gesucht werden. Auch innerhalb der Gruppentische können so sehr wertvolle Ideen ausgetauscht werden. Dadurch werden die Schülerinnen und Schüler immer wieder aufs Neue motiviert, um weitere Anordnungen von Sechslingen zu finden. Durch die Präsentation aller 35 Sechslinge haben sie die Möglichkeit, ihre eigenen Ergebnisse zu überprüfen und gewinnen dadurch an Selbstsicherheit und Selbstvertrauen.

Durch die unterschiedliche Anzahl an Sechslingen, die von den Schülerinnen und Schüler überprüft werden sollen, können die Schülerinnen und Schüler durch den Umgang mit den quadratischen Plättchen, die zusammengesteckt und gefaltet werden können, erste Erfahrungen mit der räumlichen Vorstellung sammeln. Dadurch dass sich auf jedem Arbeitsblatt mindestens ein Sechsling befindet, der zu einem Würfel geformt werden kann, hat jedes Team Erfolg und bleibt weiter motiviert.

Mit der Präsentation der eigenen Ergebnisse werden alle Schülerinnen und Schüler in den Prozess der Auswertung und der Ergebnissicherung einbezogen. Die großen und farbigen Würfelnetze ermöglichen auch den anderen Teams sämtliche Würfelnetze visuell zu erfassen.

Durch die Veränderung der Lage eines Würfelnetzes werden alle Schülerinnen und Schüler dazu angeregt in Gedanken zu falten, um die Problemstellung zu überprüfen. Dies ermöglichen ebenfalls die zur Verfügung gestellten Arbeitsblätter, jedoch haben die Schülerinnen und Schüler hierbei die Möglichkeit, die Quadratplättchen zur besseren Vorstellung zur Hilfe zu nehmen.

Zum Schluss der Unterrichtsstunde können die Schülerinnen und Schüler ihre Ergebnisse präsentieren und überprüfen, indem sie alle 11 Würfelnetze in der Übersicht der Sechslinge markieren. Hierbei besteht ebenfalls die Möglichkeit, passive Schülerinnen und Schüler immer wieder mit einzubeziehen, denn durch die an der Tafel dargestellten Würfelnetze lassen sich einfache Lösungsvorschläge finden.

6. Unterrichtsskizze

Name:	XXX	**Ausbildungslehrer:** XXX
Klasse:	5	**Schule:** XXX
Datum:	10.05.2007	**Stunde:** 2. Unterrichtsstunde
Fach:	Mathematik	
Thema:	**Würfelnetze**	

Zeit	Phase	Handlungssituation	SF/AF	Medien
7 min.	Einstieg	*Begrüßung der Klasse und Vorstellung des Besuchs* **Einstimmung** - Der LA zeigt den SuS eine würfelförmige Verpackung und fordert sie zu einer formenkundigen Betrachtung auf. → die SuS beschreiben die Verpackung: - 12 gleich lange Kanten - 6 quadratische Flächen - 8 Ecken ***Problemstellung*** *- Der LA stellt die SuS vor folgendes Problem: Firmen die solche Verpackungen herstellen, fertigendiese aus einem Stück Pappe.* → Mich würde interessieren, wie dieses Stück Pappe aussieht, bevor es zusammengefaltet undgeklebt wird! Die SuS äußern ihre Vermutungen, indemsie die Möglichkeit bekommen zwei bis drei „Sechslinge" an die Tafel zu zeichnen. → 1 Quadrat soll einem Kästchen an der Tafel entsprechen → Zur Verdeutlichung bekommen die SuS anschließend einen Würfel mit magnetischen Flächen zur Verfügung gestellt, den einer der SuS an der Tafel auseinander falten soll, so dass ein „Sechsling" sichtbar wird.	Stehhalbkreis vor der Tafel Unterrichtsgespräch	Verpackung (Würfel), Tafel, Magnetwürfel, Kreide

8 min.	Hinführung	- Wie können wir nun herausfinden, wie viele „Sechslinge" es gibt? → Die SuS sollen *schätzen*, wie viele „Sechslinge" es tatsächlich gibt!	Frontalunterricht Partnerarbeit	Quadratplättchen, Arbeitsheft, Tafel, Quadrate, Tesafilm, Folie, OHP
		Erarbeitung - Die SuS bekommen Quadratplättchen, mit denen sie weitere „Sechslinge" in Partnerarbeit legen und anschließend im Heft festhalten sollen. → 1 Quadrat soll einem Kästchen im Heft entsprechen	Unterrichtsgespräch	
		Auswertung - 2-3 Teams stellen mit Hilfe vorbereiteter Quadrate ihre Lösungen an der Tafel vor. Da hierbei nur einige „Sechslinge" vorgestellt werden, zeigt der LA auf einer Folie alle 35 Möglichkeiten. - Die SuS sollen die vorgestellten „Sechslinge"und die von ihnen an die Tafel gezeichneten Vermutungen auf der Folie finden.		
3 min.	Provokation	**Impuls:** Jetzt haben wir die Lösung auf unser Problem! **Erwarteter Widerspruch:** „Nicht aus allen „Sechslingen" kann man einen Würfel formen!" → Vermutungen der SuS mit Begründung! - Falls es zu keinem Widerspruch der SuS kommen sollte, heftet der LA einen „Sechsling" an die Tafel, den die SuS „gedanklich" zu einem Würfel formen sollen. → Allerdings lässt sich aus dem „Sechsling" kein Würfel formen!	Unterrichtsgespräch	„Sechsling", Tafel

14

12 min.	Erarbeitung	- Jedes Team bekommt ein Arbeitsblatt mit 3 oder 4 „Sechslinge" ausgeteilt, die die SuS mit den Quadratplättchen nachlegen und zu Würfeln formen sollen.	Frontalunterricht	Arbeitsblatt, Quadratplättchen, Tafel, Würfelnetze (Großformate), Wortkarte
		→ Jedes Team findet mindestens ein Würfelnetz. Die gefundenen Würfelnetze sollen auf dem Arbeitsblatt angemalt werden.	Partnerarbeit	
		Differenzierung *- Anzahl der „Sechslinge"* *- Kennzeichnung der zusammengehörenden Schnittkanten*	Einzelarbeit	
		Auswertung - Die SuS präsentieren ihre Ergebnisse, indem sie ihre richtigen Würfelnetze, aus denen vor der Tafel in Großformat liegenden Würfelnetzen heraussuchen und an die Tafel heften. → Es werden alle 11 Würfelnetze sichtbar	Präsentation	
		→ Anbringen der Überschrift (Würfelnetze)		
		→ Die SuS sollen anhand der großen Würfelnetze, die Gemeinsamkeiten der in jeweils einer Farbe dargestellten Würfelnetzen herausfinden, die zur Herstellung eines Würfelnetzes notwendig sind.		
		Problemstellung	Frontalunterricht	
		- Der LA dreht ein Würfelnetz an der Tafel um und stellt den SuS die Frage: „Ist es nun immer noch möglich, aus dem Würfelnetz einen Würfel zu formen?"		

15

15 min.	Ergebnissicherung	- Der LA teilt ein Arbeitsblatt mit allen „Sechslingen" aus, bei dem die SuS die Nummern aller 11 Würfelnetze markieren sollen. - Die guten SuS sollen zuerst den Versuch machen, die Würfelnetze in Gedanken zu falten. Jedoch können auch die „Quadratplättchen" zur Hilfe genommen werden. - Die Würfelnetze werden dabei nochmals abgedeckt und erst zur Ergebnissicherung wieder aufgedeckt.	Frontalunterricht	Arbeitsblätter, Folie, OHP, Folienstift, Tafel, Würfelnetze (Großformate), Quadratplättchen
		Differenzierung *- In einer weiteren Aufgabe (2) sollen die SuS zu jedem Würfelnetz die passende Nummer vom Arbeitsblatt der „Sechslings - Übersicht" schreiben.*	Einzelarbeit	
		Kontrolle - Der LA kontrolliert zusammen mit den SuS die Aufgabe (1) des Arbeitsblatts am OHP. → Zur Verdeutlichung können die SuS die Würfelnetze nochmals in Großformat an der Tafel betrachten.	Unterrichtsgespräch	
	Hausaufgabe	- In einer weiteren Aufgabe (2) sollen die SuS die Nummern der in einer anderen Lage dargestellten Würfelnetze suchen.	Unterrichtsgespräch	Arbeitsblatt

Lernziele:

- Die Schülerinnen und Schüler sollen Würfelnetze als bestimmte Anordnung von sechs zusammenhängenden Quadraten kennen lernen.

- Die Schülerinnen und Schüler sollen durch eigenes Handeln alle 11 Würfelnetze unter den 35 „Sechslingen" wieder erkennen.

16

7. Quellen- und Literaturangaben

- **Ministerium für Kultus, Jugend und Sport Baden-Württemberg (2004):**
Bildungsplan für die Hauptschule/Werkrealschule
Neckar-Verlag, Stuttgart

- **Lauter, Josef (2001):**
Methodik der Grundschulmathematik, 8. überarbeitete Auflage,
Auer Verlag GmbH, Donauwörth

- **Maier, Peter H. (1999):**
Räumliches Vorstellungsvermögen. Ein theoretischer Abriss des
Phänomens räumliches Vorstellungsvermögen. Mit didaktischen Hinweisen für den
Unterricht.
Auer Verlag GmbH, Donauwörth

- **Radatz, Hendrik; Schipper, Wilhelm (1983):**
Handbuch für den Mathematikunterricht an Grundschulen
Schroedel Schulbuchverlag, Hannover

- **Scheid, Harald (1990):**
Prof. Dr. (Meyers Lexikonredaktion): Schüler Duden - Die Mathematik I.
Dudenverlag, Mannheim

8. Anhang

Anlage I.   Partneraufgaben - Sechslinge (Team 1 - Team 8)
Anlage II.   Übersicht - Sechslinge
Anlage III.   Arbeitsblatt 1 - Sechslinge
Anlage IV.   Arbeitsblatt 2 - Würfelnetze

Team 1

Prüfe, ob sich aus dem „Sechsling" wirklich ein Würfel falten lässt.

Kontrolliere durch Legen und Falten!

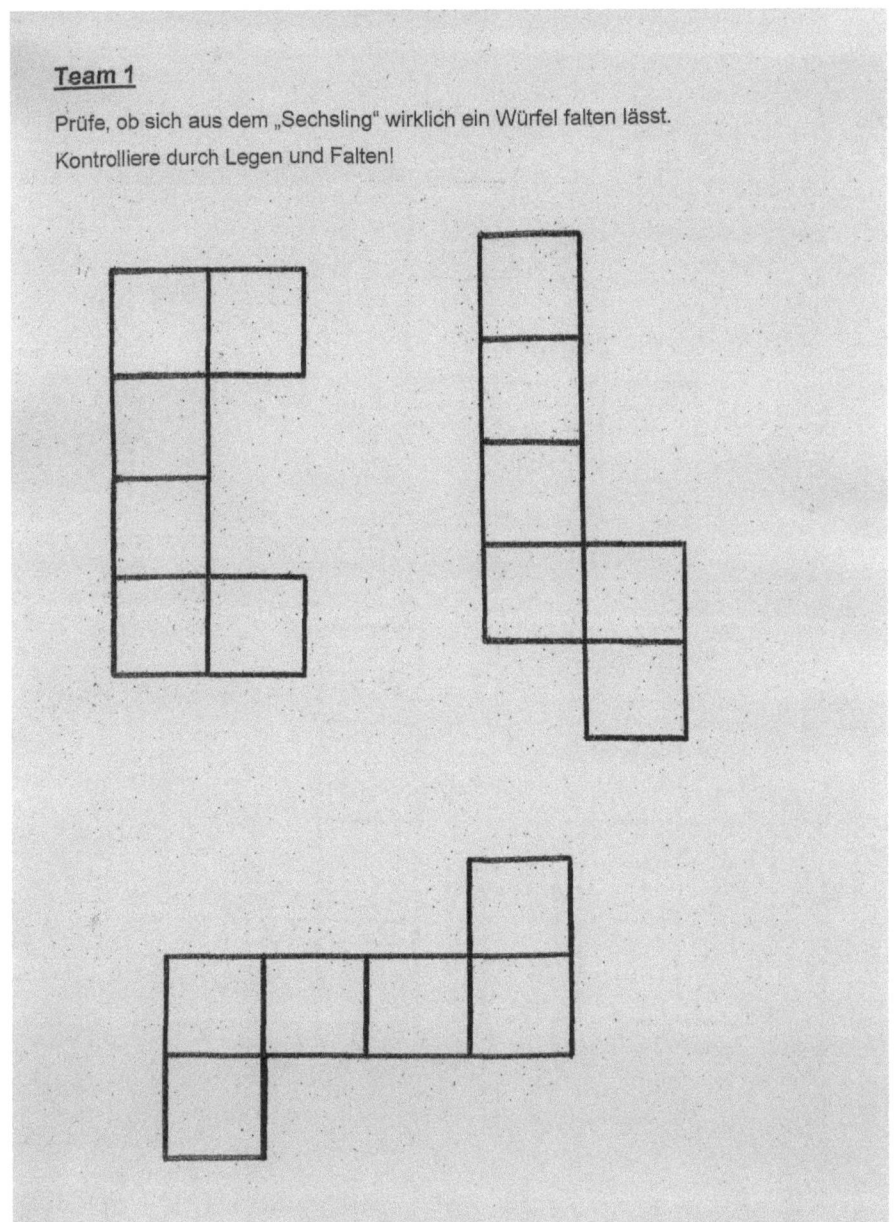

Team 2

Prüfe, ob sich aus dem „Sechsling" wirklich ein Würfel falten lässt.

Kontrolliere durch Legen und Falten!

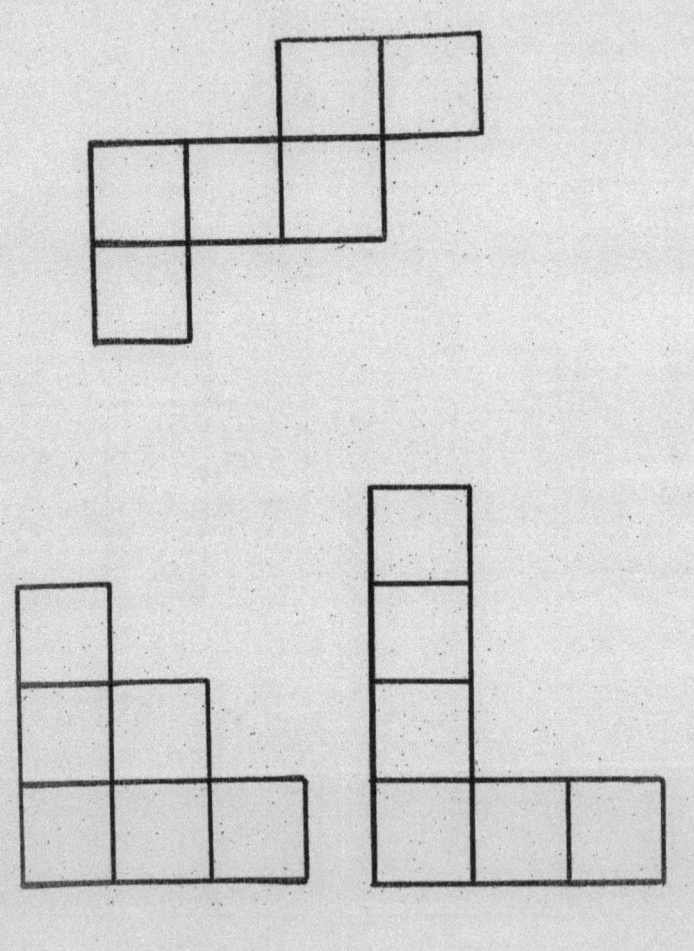

Prüfe, ob sich aus dem „Sechsling" wirklich ein Würfel falten lässt.

Kontrolliere durch Legen und Falten!

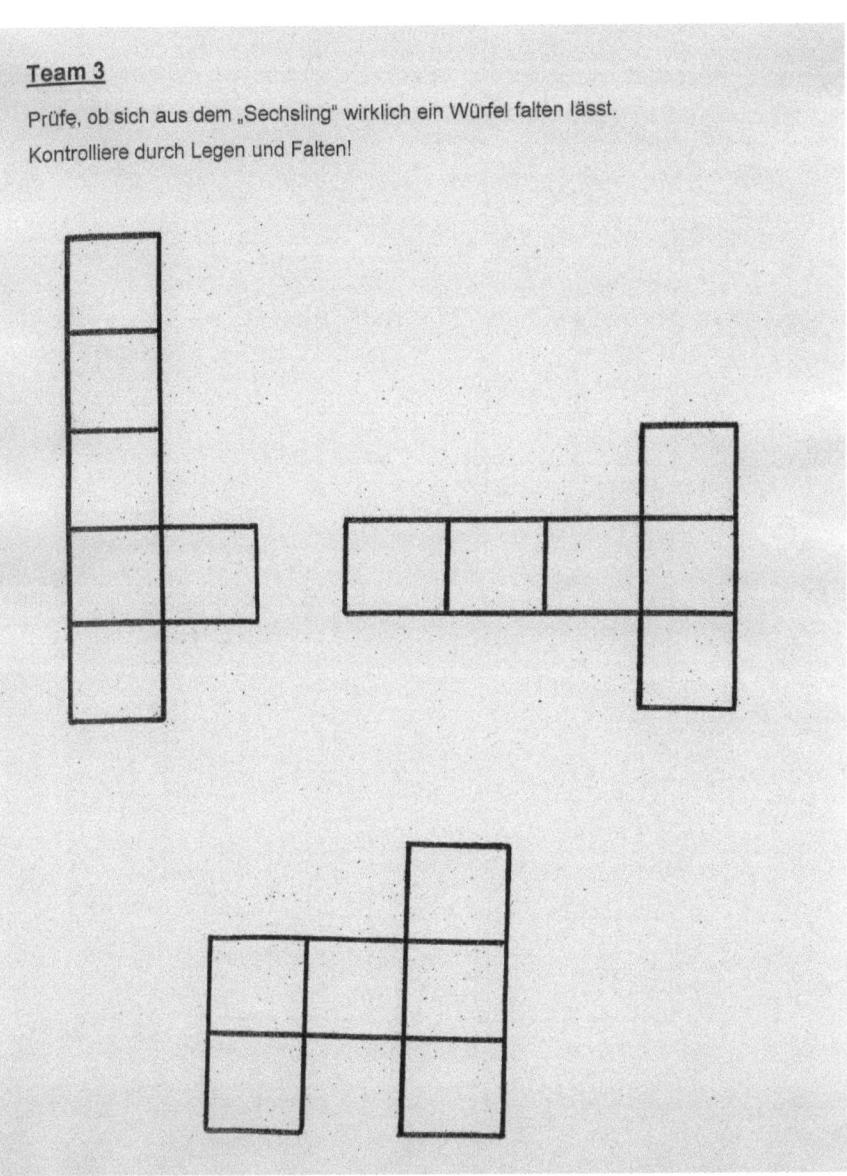

Team 4

Prüfe, ob sich aus dem „Sechsling" wirklich ein Würfel falten lässt.

Kontrolliere durch Legen und Falten!

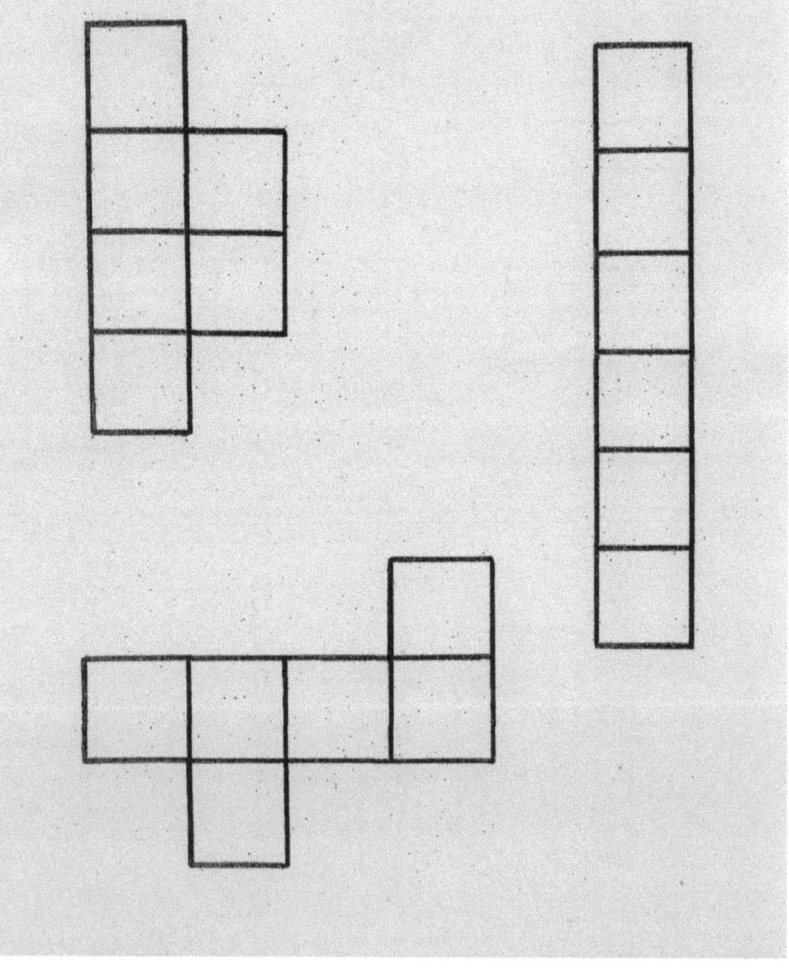

Team 5

Prüfe, ob sich aus dem „Sechsling" wirklich ein Würfel falten lässt.

Kontrolliere durch Legen und Falten!

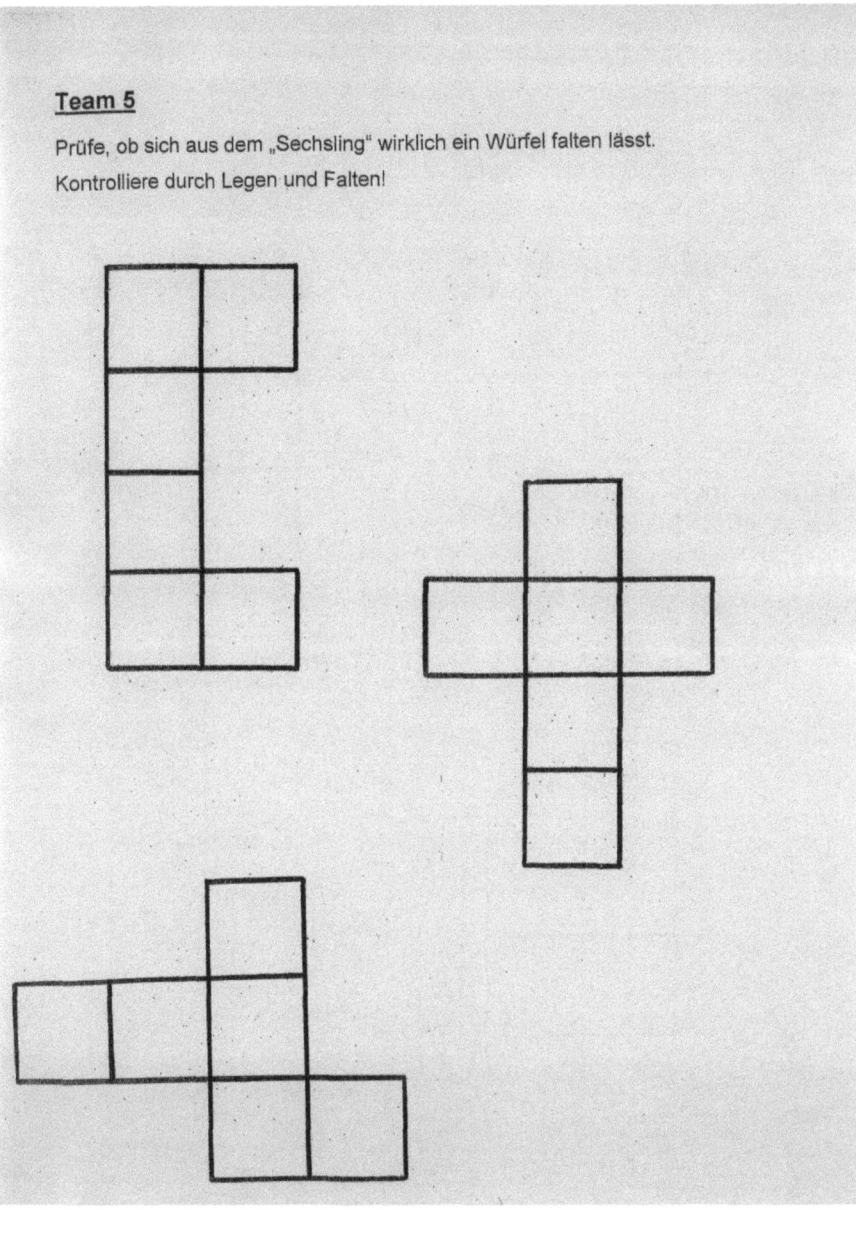

Team 6

Prüfe, ob sich aus dem „Sechsling" wirklich ein Würfel falten lässt.

Kontrolliere durch Legen und Falten!

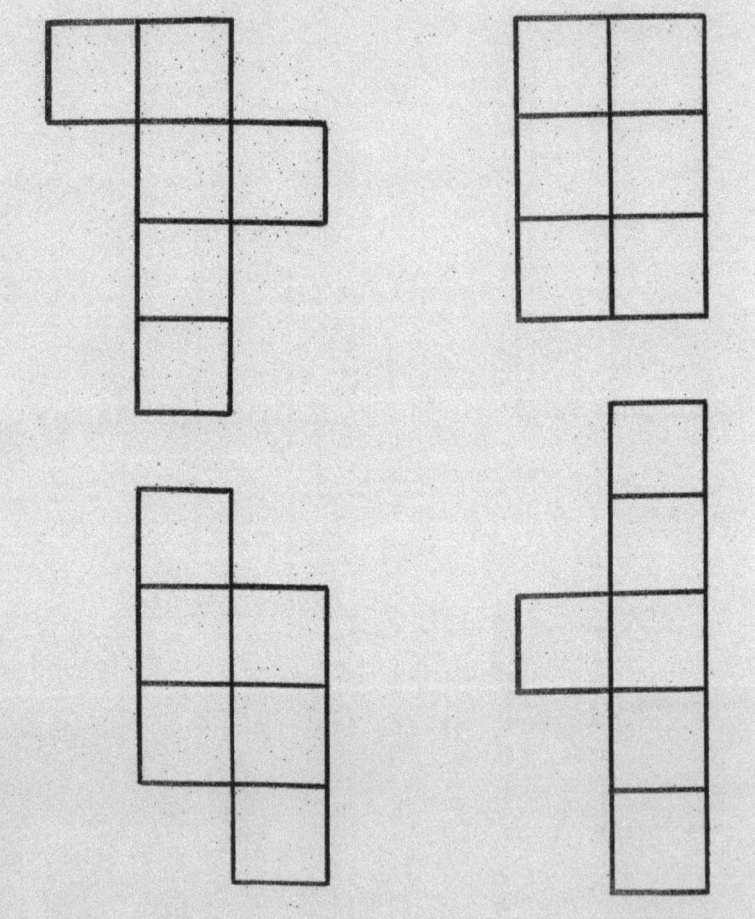

Prüfe, ob sich aus dem „Sechsling" wirklich ein Würfel falten lässt.

Kontrolliere durch Legen und Falten!

Prüfe, ob sich aus dem „Sechsling" wirklich ein Würfel falten lässt.

Kontrolliere durch Legen und Falten!

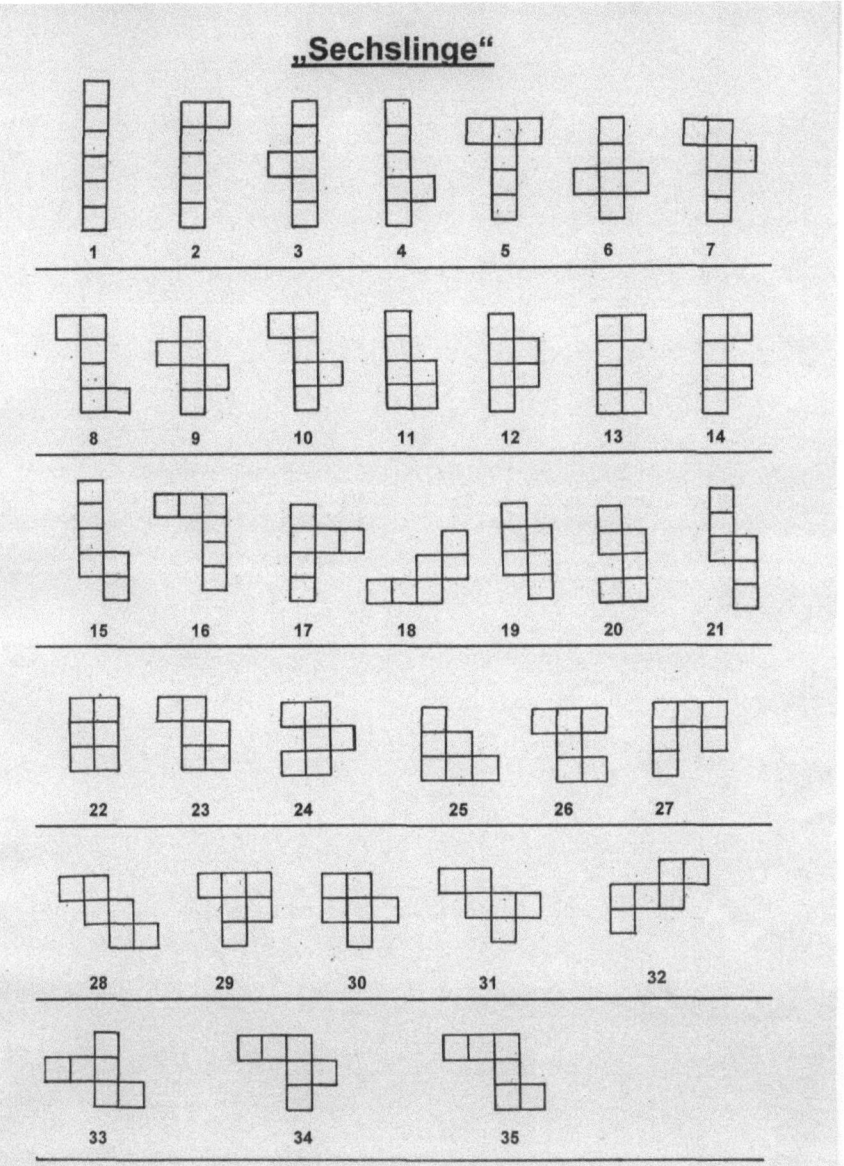

„Sechslinge"

Aufgabe: 1

Hier siehst du die 35 möglichen „Sechslinge". Suche alle 11 Würfelnetze und umkreise die jeweilige Nummer mit Bleistift!

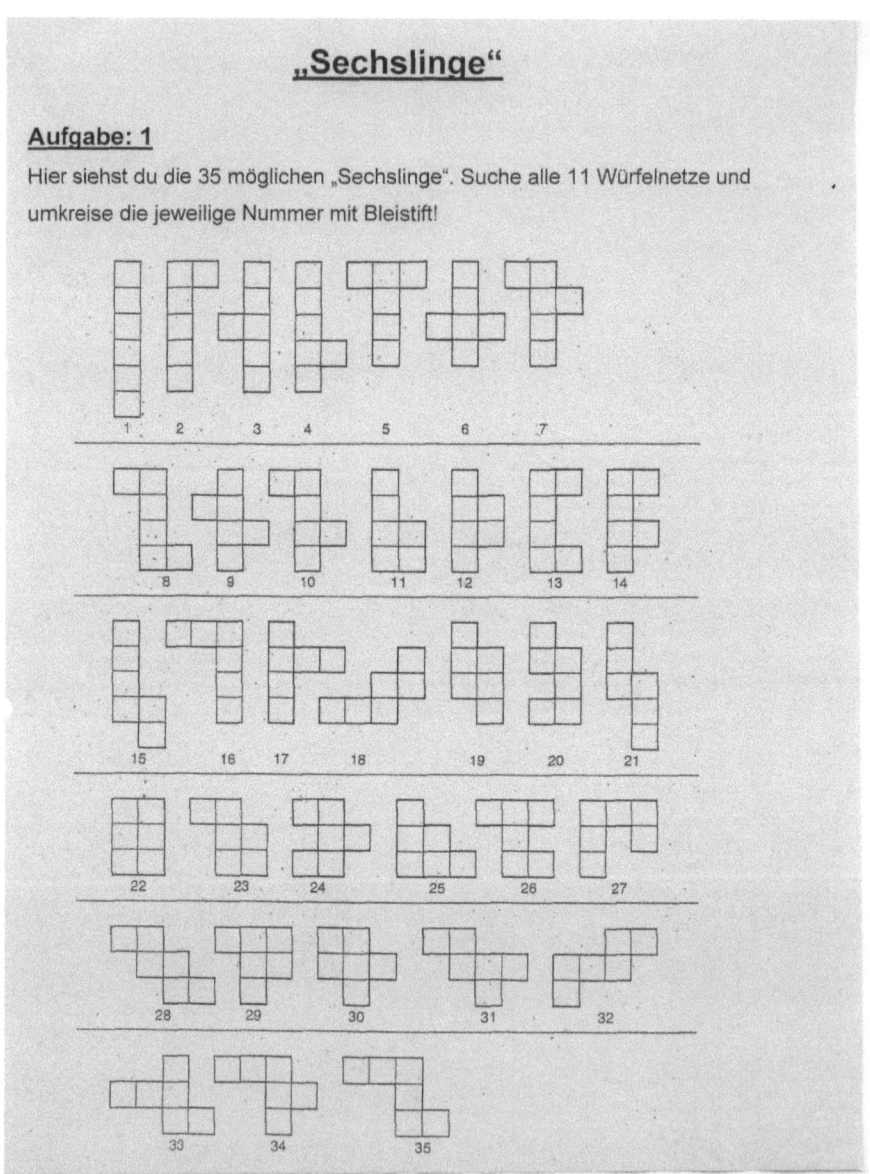

Lösung - Aufgabe 1: 5, 6, 7, 8, 9, 10, 21, 28, 31, 32, 33

27

Name: _____   Datum: _____

Würfelnetze

Aufgabe: 2

Hier findest du alle 11 möglichen Würfelnetze, allerdings in einer anderen Anordnung. Schreibe zu jedem Würfelnetz die passende Nummer vom Arbeitsblatt der „Sechslings – Übersicht!"

<u>Lösungen - Aufgabe 2:</u>

32, 6, 33, 28

5, 10, 7, 9

21, 8, 31